科学家们有点儿忙

我的牛顿教练

①万能的空气

很忙工作室◎著　　有福画童书◎绘

U0239628

北京科学技术出版社
100层童书馆

艾萨克·牛顿先生是我们这个星球最伟大的科学家之一。

你好！

他提出了万有引力定律……

……和牛顿运动定律。

他发明了反射望远镜，提出了金本位制，还是微积分的创立者之一。

$$\int_a^b f(x)dx = F(b) - F(a)$$

GOLD

看我点石成金！

他还会一点儿炼金术……

哈哈哈！

你肯定想不到，牛顿还是一位……

……运动教练！

他并不擅长什么体育项目，却指导着所有参与体育运动的人，包括我和你。

现在，我们来欢迎牛顿教练吧！

牛顿教练将带领我们了解一下空气是如何影响运动成绩的。

我们空气无处不在，但却像隐身了一样。

我们常形容东西轻得像空气一样，实际上，空气是有质量的。

这间教室长 12 米、宽 8 米、高 4 米。在 0℃、1 个标准大气压下，空气的密度是每立方米 1.29 千克，那么这间教室里空气的质量就是 495.36 千克！

在一定的温度和压力下，单位体积空气的质量被称为空气密度。

这里的空气大概有 7 个牛顿教练那么重！

你暴露了我的体重！

密度 × 体积（长 × 宽 × 高）= 质量
根据这个公式，你算出牛顿教练的体重是多少了吗？

怎么还在看电视？

这是比赛回放，我在工作呢！

很多体育比赛比的都是速度，但我们在空气中运动的速度越快，空气对我们的阻力就越大。走吧，跟我去看看！

慢慢骑空气阻力就小多了。

牛顿第三运动定律：相互作用的两个物体之间的作用力和反作用力总是大小相等，方向相反，作用在同一条直线上。

这就是原因！

了不起吧，这是我们牛顿教练发现的！

在骑行时，空气会被我"劈开"，然后又在我身后合拢。

耶！

啊！

这是因为牛顿教练的身体挡住了我，我才不得不分开。

在骑行时，身前气压高，身后气压低，气流从高压区向低压区流动，从而产生了把人向后推的力，这就是压差阻力。

空气像在往后推我！

压差阻力同物体的迎风面积、形状和在气流中的位置都有很大的关系。
下面几幅图中，圆球背后的旋涡是低压区，前后压力差大；机翼周围的流体乖乖地绕过机翼，机翼后不会产生旋涡，前后压力差不大；方形板前后的气压情况和圆球类似。

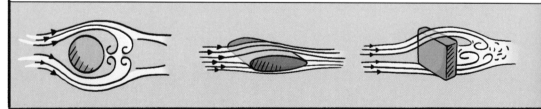

对领骑者或者独自骑行的人来说，面前有厚重的"空气墙"要穿过，还有压差阻力把他往后推，所以他要克服的空气阻力是最大的。

我们占了个大便宜，只要紧跟着牛顿教练，在他开辟出的"空气隧道"中穿行就可以省力很多。

谁让我是教练呢！

不过，牛顿教练身后的跟随者可以削弱压差阻力，所以牛顿教练也能骑得轻松一点儿。

这种利用空气来"偷懒"的招数可不只是人类的专利!

难道大雁也懂?

我们不管是排成人字形还是排成一字形,都得听牛顿教练的。

要想知道其中的原因,看看机翼的剖面你就明白了。

机翼的上面比较鼓，气流流过的路径较长；下面相对平坦，气流流过的路径就较短。

好远啊！还得上坡和下坡。

太简单了！

机翼上下的气流要同时到达另一端的话，上面的气流就必须比下面的气流流得快。

流得快的气流产生的气压低。

流得慢的气流产生的气压高。

机翼的上下表面就会形成压力差。

压力差会让下面的气流向上翻转，形成旋涡。

这个压力差在诱导我们向上运动。

我已经晕了！

11

14

但是，阻力又与物体的迎流截面积成正比。出手角度变大，升力变大，但标枪的迎流截面积也变大，阻力就变大，速度变慢。角度变小，标枪的迎流截面积变小，阻力变小，但升力也变小，速度变慢。

0°　　出手角度小　　出手角度大

需要在升力和阻力之间找到一个平衡点。

1984 年，民主德国选手韦恩将标枪掷出了 104.8 米，差点儿造成危险。

啊！

104.8米

安全

小心！

国际田联因此将男子标枪的重心向前挪了 4 厘米。

安全　4厘米

G

G

16

重心前移给标枪施加了更多"头朝下"的力矩，使标枪更容易下落了。

头重脚轻的标枪会更早扎向地面。

在牛顿教练的理论指导下，运动员逐渐适应了标枪的改变，新规格标枪的世界纪录达到了98.48米。

这下标枪的成绩要大幅下滑了吧。

这可说不好啊。

观众又要准备买钢盔了。

幸好我的还没扔。

墨西哥城海拔 2240 米，这里的空气密度只有海平面地区的 80%。

空气密度越小，空气阻力也就越小。

良好的天气条件帮助比蒙完成了世纪一跳。

后来有科学家计算，在海拔接近海平面的地区，比蒙这一跳只能跳 8.63 米。

8.63米

不过比蒙的自身实力也是响当当的。这是他第一次参加奥运会，他在决赛中的第一跳就跳出了 8.90 米的成绩，这一跳让他名垂青史。

金牌

墨西哥

好……球!

巴西 →

既然到了墨西哥，不如再去巴西转转！

教练，你没事吧！

一定是卡洛斯干的！

巴西球星罗伯特·卡洛斯的一记任意球被誉为历史上最惊世骇俗的香蕉球之一。

球飞出后向右偏移了7米，我判断它一定会飞出底线。

但是，球从7米之外快速向左转，进门！

这个原理我无法解释……

放心，交给我吧！

丹尼尔·伯努利

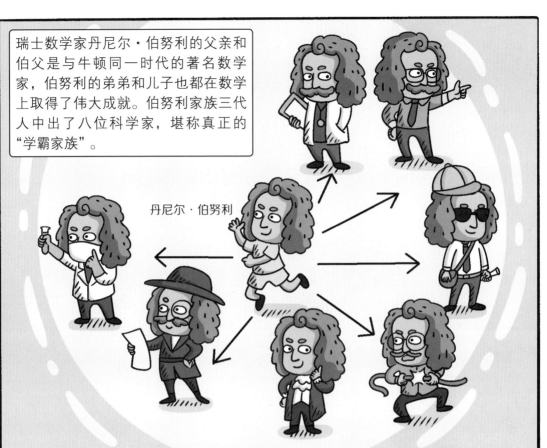

瑞士数学家丹尼尔·伯努利的父亲和伯父是与牛顿同一时代的著名数学家，伯努利的弟弟和儿子也都在数学上取得了伟大成就。伯努利家族三代人中出了八位科学家，堪称真正的"学霸家族"。

丹尼尔·伯努利

伯努利定律：流体流速快的地方压强小，流速慢的地方压强大；物体在流体中两侧的压强差产生使物体向流速快的方向靠近的力。

想要看懂香蕉球，就要先搞懂这个定律。

伯努利定律

伯努利教授，车来啦！

伯努利定律针对的是平动的物体,马格努斯效应适用于在流体中旋转的物体。

我明白了!关键在于球发生了旋转!

球带动周围的空气逆时针旋转。

球在空气中穿行,迎面气流从球周围流过。左侧逆时针自转产生的气流与迎面的气流相叠加,因而气流流动的速度变快。

右侧顺时针自转产生的气流抵消了一部分迎面气流,因而气流流动的速度变慢。

26

我们来做一个体验压强差的小实验：把两个气球像图中那样挂起，然后向两个气球中间吹气，它们就会彼此接近，互相碰撞。

真神奇，我也想试试！

你又在想高尔夫球运动的玄机吗？

不，不，是所有球运动的玄机！

幸好这些球运动的原理我都知道。

你有没有想过，为什么有些球根本就不像一个真正的球呢？

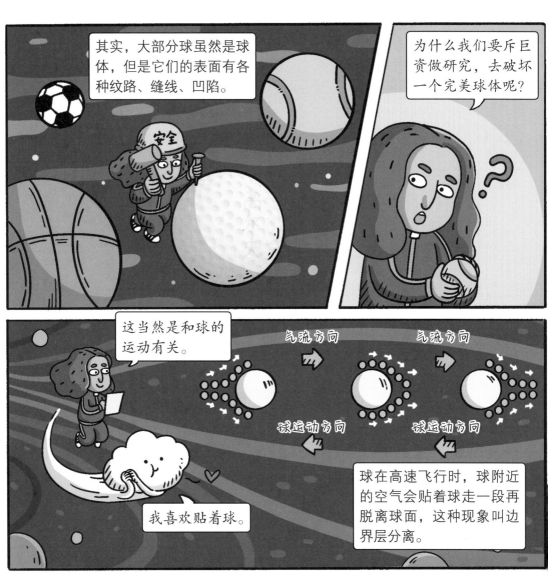

其实，大部分球虽然是球体，但是它们的表面有各种纹路、缝线、凹陷。

为什么我们要斥巨资做研究，去破坏一个完美球体呢？

这当然是和球的运动有关。

气流方向

气流方向

球运动方向

球运动方向

我喜欢贴着球。

球在高速飞行时，球附近的空气会贴着球走一段再脱离球面，这种现象叫边界层分离。

阻力

阻力

边界层分离发生得越早，球受到的阻力就越大。

如果球体表面粗糙，空气流过时，会在粗糙的位置产生旋涡。

哇！我被吸住了！

这些旋涡可以吸引周围的空气，从而推迟边界层分离。

这样阻力就变小了，我才能助力球飞得更远。

这也是高尔夫球表面坑坑洼洼的原因。

它变成不完美球体之后反而飞得远了。

60米

200米

电梯球和香蕉球的根本区别是，电梯球几乎不会自转。
电梯球会在空中摇摆不定，然后在接近球门时，快速下坠。

由于球在空中摇摆不定，守门员很难判断它到底要往哪儿飞。

上一秒球还在六楼……

靠近球门时，球又突然极速下坠，守门员根本来不及反应。

下一秒球已经到了一楼！

守门员好难啊！

太刺激了！

越圆的球在飞行时越不容易旋转，就越有可能在空中快速下坠。

这不是人为增加难度吗？

只是球变圆还不够，电梯球需要一个极高的初速度。

看教练的！大力抽击球的正下方！

踢出去的球会以不旋转的方式高速飞行，这种飞行方式使球在空气中产生卡门涡街——以科学家冯·卡门命名。

简单来说，卡门涡街就是空气在球的后方产生了周期性的、旋转方向相反的旋涡，如同一条旋涡状街道。

这些旋涡互相吸引，互相干扰，让球在飞行时出现不规则的振动。

所以球才会在空中摇摆不定！

请问卡门先生，您一边踢球一边做科学研究吗？

他是大名鼎鼎的科学家钱学森的老师。

不，这是偶然的发现。

卡门的同事做实验时，把一个圆柱放在水槽里，让水流经这个圆柱，结果圆柱一直在晃动，影响了实验进展。卡门推导后发现，圆柱就应该是晃的，就应该产生左右不对称、交替的旋涡。

这里好像没我什么事儿了……

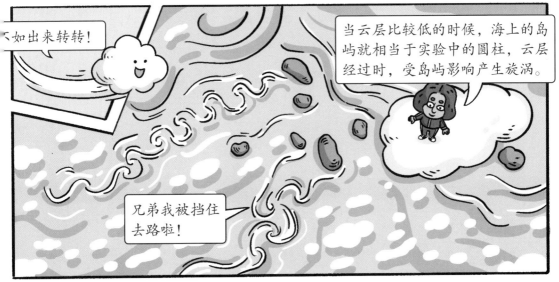

不如出来转转！

当云层比较低的时候，海上的岛屿就相当于实验中的圆柱，云层经过时，受岛屿影响产生旋涡。

兄弟我被挡住去路啦！

33

呀！教练的眼睛怎么了？

我是被球晃的！

空气对球运动的影响是随机的，就连踢球的人也无法控制球的摇摆。

电梯球原理大揭秘！

这涉及空气阻力墙理论。

我这么轻巧还能当墙？

讲到现在你还没发现自己有多厉害吗！

如果球飞出时的初速度远远大于它到达最高点开始下落时的末速度，在球开始下落的瞬间就会产生一堵无形的空气阻力墙。

想过去没那么容易！

空气阻力骤然变大，球就会突然下坠，电梯球就产生了。

烟花炸裂后会以接近垂直的角度下落，也是同样的道理。

我一直以为烟花炸裂后就消失了。

仔细观察的话，你就可以看到烟花下落时拉出的"小尾巴"。

人们为了提高运动水平不断探索空气对运动的影响，而所有这些探索都靠牛顿教练给我们指明方向。从这个角度来说，牛顿应该算是世界上最伟大的教练吧！

我的纪录片还不错嘛！

下期再见！

35

跟在别人后面跑的运动员

在中长跑比赛起跑后的一段时间内，运动员们会挤成一团紧跟在领跑的运动员后面跑，而且后面的人并不会急于超过前面的人。他们这样做是因为，在领跑的运动员身后的涡旋区中跑，可以减小阻力和节省体能。快要冲刺的时候，他们会突然发力，加速超越原来的领跑者。

迎流截面积

关于什么是迎流截面积，我举一个形象的例子。牛顿教练游泳时，他的身体垂直于水流方向的截面的面积就是迎流截面积。如果把水换成风，也是同样的道理。

从正面看到的迎流截面积

36

为什么海拔越高空气密度越小·?

中国科协
首席科学传播专家
郭亮

　　海拔越高，大气压力越小，而空气密度与大气压力成正比例关系。大气会受到地球引力的作用，但随着海拔高度的增加，地球引力的作用逐渐减小，大气压力也逐渐减小，所以空气密度相应地变小。

　　另外，温度会影响空气密度。高海拔地区大气压力小，导致空气膨胀和冷却，温度降低，所以空气密度也就变小了。

　　水汽含量也会影响空气密度。高海拔地区大气压力小还会导致水汽的蒸发速度减慢，水汽含量逐渐减小，这也造成了空气密度变小。

　　*一个标准大气压等于 760 毫米高的水银柱的重量，它相当于一平方厘米面积上承受 1.0336 公斤重的大气压力。

在低海拔地区，运动员更容易踢出香蕉球，这是真的吗?

　　这是真的。因为低海拔地区的空气密度比高海拔地区的大，在球旋转速度相同的情况下，低海拔地区的球会遇到更多的空气，球两侧的压力差也就更大，球的轨迹就更容易呈弧线。

为什么两栋大楼之间的风比其他地方的大？

刮风时，两栋大楼之间的风要比其他地方的大，这是因为风吹过两栋大楼之间时，会形成所谓的"风洞效应"。风洞效应指当风穿过狭窄的通道时，由于空气被挤压在一起，风速会加快。高楼大厦之间的空间通常比较狭窄，刮风时，两栋大楼之间的空气会被挤压，从而使风速加快。

除了高楼大厦之间，风洞效应还会在其他地方出现，比如桥梁、山谷、峡谷等。这些地方的地形会影响风的流动，形成风速加快的区域。

风洞效应不仅会带来强风，而且会对建筑造成损害。因此，在城市规划和建筑设计中，设计师要考虑风洞效应对建筑和人体的影响，并采取相应的措施来减轻其影响。

什么是力矩？

　　力矩是用来描述力对物体产生旋转效应的物理量。力矩的作用效果是使物体绕着某个轴旋转或者保持平衡。力矩的大小和方向取决于力的大小、方向和作用点的位置。在日常生活中，力矩的应用很普遍。例如，我们使用扳手拧螺钉时，就需要利用力矩的原理。扳手的长柄可以增加力臂的长度，从而增加力矩，使得我们可以用较小的力量将螺钉拧紧。

像大雁一样会省力的动物还有哪些？

　　还有很多，比如海豚和鸭子。小海豚会在海豚妈妈的腹部斜下方游动，因为这是游起来最省力的位置。我们唱的"门前大桥下，游过一群鸭"也是这个道理，鸭妈妈在前面游动，小鸭子会在妈妈身后的特定位置游动，因为这个区域水的阻力小，游起来更轻松。

图书在版编目（CIP）数据

我的牛顿教练.1，万能的空气 / 很忙工作室著；有福画童书绘. — 北京：北京
科学技术出版社，2023.12（2024.2重印）

（科学家们有点儿忙）

ISBN 978-7-5714-3236-2

Ⅰ.①我… Ⅱ.①很… ②有… Ⅲ.①物理—儿童读物 Ⅳ.①O4-49

中国国家版本馆CIP数据核字(2023)第183203号

策划编辑：樊文静
责任编辑：樊文静
封面设计：沈学成
图文制作：旅教文化
营销编辑：赵倩倩　郭靖桓
责任印制：吕　越
出 版 人：曾庆宇
出版发行：北京科学技术出版社
社　　址：北京西直门南大街 16 号
邮政编码：100035
电　　话：0086-10-66135495（总编室）
　　　　　　0086-10-66113227（发行部）
网　　址：www.bkydw.cn
印　　刷：北京宝隆世纪印刷有限公司
开　　本：710 mm×1000 mm　1/16
字　　数：50 千字
印　　张：2.5
版　　次：2023 年 12 月第 1 版
印　　次：2024 年 2 月第 3 次印刷
ISBN 978-7-5714-3236-2

定　　价：159.00 元（全 6 册）